# 升级版 7

# 这就是物理

# FORCE力

米莱童书 著·绘

北京理工大学出版社
BEIJING INSTITUTE OF TECHNOLOGY PRESS

# 推荐序

每个孩子从出生起，就对世界充满了好奇，如果想要了解世界，物理学就不可或缺。物理学是我们认识世界的桥梁，它揭示了事物发生和发展的客观规律，更是许多科学的基础。但是物理的概念繁多，知识点之间的关联性很强，对于刚接触物理的孩子来说，有些复杂难懂。

如何将复杂的物理知识，生动有趣地展现给孩子，就显得十分重要了。《这就是物理·升级版》就是专为孩子们打造的物理学科启蒙图书，以趣味漫画的形式将严肃的科学原理与生活中的有趣现象联系起来。比如：声音是怎么产生的？冰箱、电视等电器的电是怎么来的？为什么洒在地上的水过一会儿就不见了？为什么下雨后会有彩虹？为什么汽车车轮胎有花纹是为了增加摩擦，而汽车车轮轴又要加润滑油以减小摩擦……

不仅如此，在这里，还有物质、能量、声、光、电、磁、力，这些物理概念化身成一个个活泼可爱的主人公，为我们一点点展现奇妙的物理世界。大到宇宙天体、小到基本粒子，从日常生活到前沿科技，这套书将严肃枯燥的理论，由浅入深、轻松有趣地表达出来，十分适合喜欢物理的孩子阅读。

希望这套物理启蒙漫画书能够让孩子们喜欢上物理，并帮助孩子们在知识的海洋中尽情遨游。

中国工程院院士、电子光学和光电子成像专家

**周立伟**

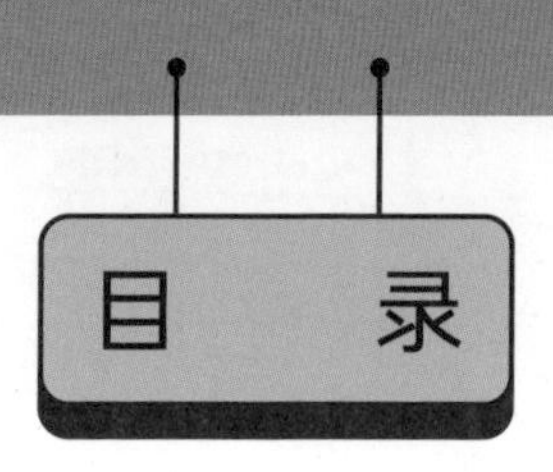
目　录

# 深藏不露的力

你有没有好奇过，为什么云会飘在天上。
为什么瀑布会往下流？
为什么动物会奔跑？
为什么苹果熟了会掉到地上？
这都是因为我！你问我是谁？哈哈哈，我是力。

当你拿起桌子上的
书本时，要用力。
踢足球时，要用力。

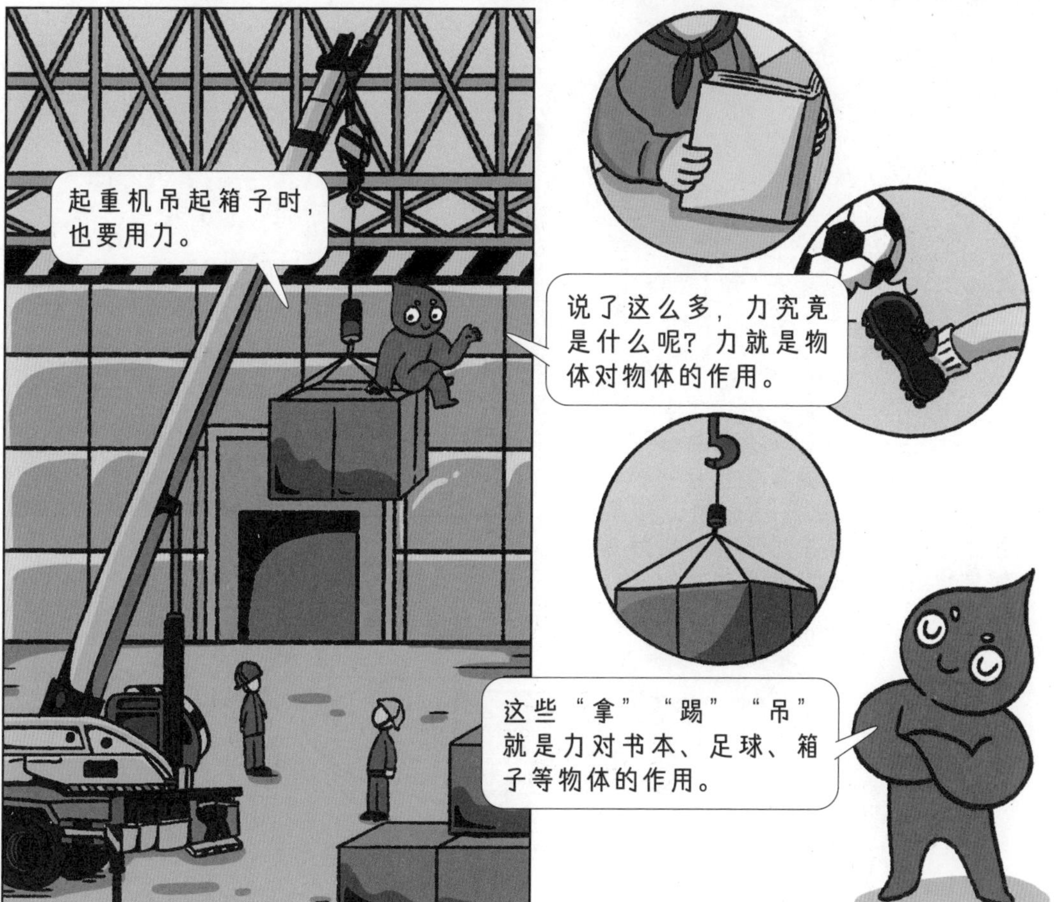
起重机吊起箱子时，
也要用力。
说了这么多，力究竟
是什么呢？力就是物
体对物体的作用。
这些“拿”“踢”“吊”
就是力对书本、足球、箱
子等物体的作用。

# 运动是相对的

力还常常伴随着运动。我们踢足球时，足球会飞起来，足球是运动的。
我们推箱子时，箱子也会……哎呀，推不动。那么，箱子是静止的。
我们身边的物体，有的是静止的，有的是运动的。比如，放在桌子上的苹果是静止的，水杯是静止的。而空中飞着的蚊子是运动的，妈妈手里的苍蝇拍也是运动的。
物体运动还是静止，要看它以哪一个物体作为标准，这个标准就是参照物。如果物体的位置相对参照物发生了变化，它就是运动的；如果没有变化，它就是静止的。
参照物

坐在行驶的公交车上，你会发现窗外的大树在向后退。
但是在行人看来，大树是静止的，公交车却在向前行驶。为什么同样的物体，你和行人看到的运动状态却不同呢？
这是因为你们选择的参照物不同。以公交车为参照物，大树是运动的。以地面为参照物，大树则是静止的。这样来看，物体的运动和静止是相对的。
参照物
参照物
所以，当我们选择的参照物不同时，物体的运动状态也不同。比如躺在床上睡懒觉的你，如果以地面为参照物，你是静止的。
Z
谁说我在睡懒觉？是你不懂科学。
如果以地心为参照物，你就是运动的。哪怕你在床上躺了一整天，其实你也已经绕地球运动了一圈了。

# 奇妙的惯性

"车辆起步，请扶稳坐好。"
这是坐公交车时总能听到的提示语，如果调皮的你没有听话，你可能会……

摇摇晃晃，站不稳。

或者"砰"地撞到妈妈怀里。

咦？这是怎么回事，我的身体好像不受控制了？

放轻松，这只是你拥有的一个神奇特性，那就是惯性。惯性会让你保持原有的静止或者运动状态。所有物体都有惯性。
当车辆突然开动时，座椅会跟着向前移动，但是你的身体还保持着原来静止的状态，就会表现得向后仰倒。
当车辆急刹车时，车辆停了下来，但是你的身体还保持着向前运动的状态，就猛地向前冲。
所以，坐车时一定要系好安全带呀。
为了防止乘车时由于惯性而产生的伤害，现在的轿车都装有安全带和安全气囊，它们能对人体的运动起到缓冲作用。

生活中还有更多惯性。
跳远时先助跑，这是因为助跑时会产生速度，当你跳起时，惯性让你的身体仍然处于助跑时的速度，这样就能跳得更远。

衣服脏了，通过拍打让衣服动起来，上面的灰尘则由于惯性离开衣服。

洗完手后，用力甩一甩，水会因为惯性而被甩出去。

锤头松了，把锤柄在地上磕几下，锤柄突然停止，锤头则由于惯性继续向下运动，这样锤头就紧紧套在锤柄上了。

纸飞机离开手以后，因为惯性还会继续飞行。

行驶中的汽车，紧急刹车后，因为惯性会继续滑行一段距离。

走路时被石头绊到会摔跤，是因为脚虽然停止了前进，但是身体因为惯性仍会继续向前，所以会摔倒。

# 力的三要素来教你进球

你喜欢踢足球吗，想要来个帅气的进球吗?

哎呀，力气太小了。

咦，踢偏了。

糟糕，踢空了。

别灰心，我来教教你。你的脚要踢在足球的中心位置，要向着球门的方向踢，最后你要大力地踢。准备好了吗? 1，2，3！

球进了!
所以，你踢球时用力的大小，力的方向，还有踢在球的什么位置都会影响进球结果。
物理学中，我们把力的大小、方向、作用点叫作力的三要素。
3
仔细观察一下周围的物体，它们都受到了什么力呢？找一找这些力的三要素吧。

# 无处不在的重力

生活中最常见的力就是重力。你有没有发现，即使你把足球踢得再高，它最后还是会掉到地上。
这是因为地球对它附近的物体有一种吸引作用，这种吸引会使物体受到一种力，也就是我们常说的重力。
地球附近的物体都受到向下的重力，所以，熟了的苹果会掉到地上。
3
水总是向低处流。
向空中撒开的渔网，会飘落到水里。这些都是因为重力的作用。

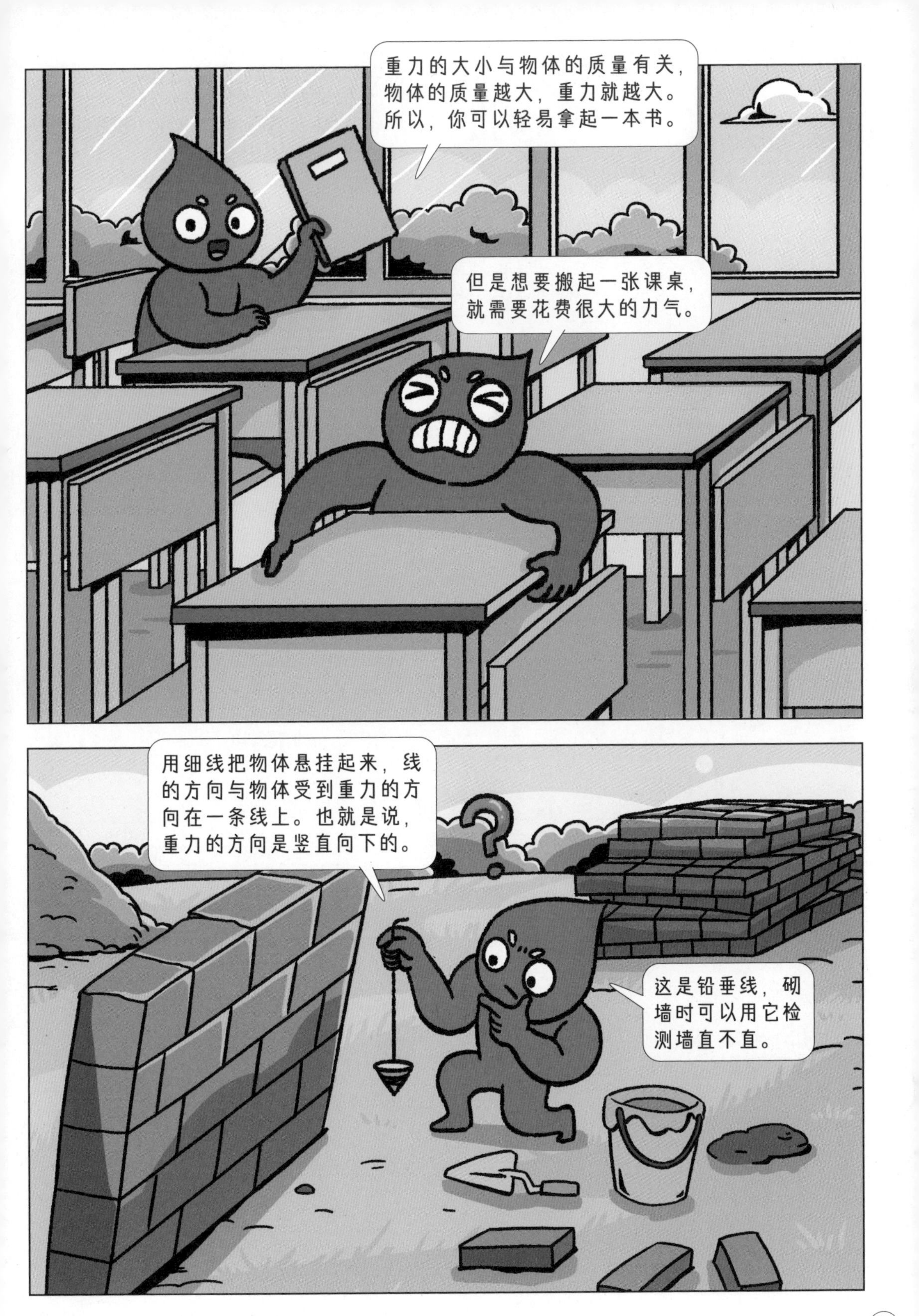
重力的大小与物体的质量有关，物体的质量越大，重力就越大。所以，你可以轻易拿起一本书。
但是想要搬起一张课桌，就需要花费很大的力气。
用细线把物体悬挂起来，线的方向与物体受到重力的方向在一条线上。也就是说，重力的方向是竖直向下的。
这是铅垂线，砌墙时可以用它检测墙直不直。

知道了重力的大小和方向，那么，重力的作用点又在什么位置呢？
其实地球对物体的每个部位都有吸引作用，所以物体的各个部分都会受到重力。啊？居然有这么多作用点啊！
不过，这些物体与地球相比个头很小很小，可以把它们受到的重力看作是作用在某一个点上，这个点就叫物体的重心。像这些质量分布均匀、形状规则的物体，它们的重心在几何中心上。

如果物体质量分布不均匀，形状也不规则，那它的重心就会偏向质量较大的部位。
比如不倒翁，就是因为底部质量大，所以重心很低，不容易倒。
重心

地球还吸引着更远处的其他物体，比如月亮。这个吸引力使月球一直围绕地球转动。

而月球也同样吸引着地球上的万物，只不过这个吸引力没有地球的吸引力大，所以我们不会被吸引着飞向月亮。

其实，宇宙间的所有物体，大到天体，小到尘埃，都存在相互吸引的力。

这就是万有引力。

这个力好Q弹

有一种力，你可以用手感受得到。用力捏橡皮泥，橡皮泥可以变成任意形状。
用力拉橡皮筋，橡皮筋变长了。看来物体受到力的作用时会发生形状变化。

当你松开手后，橡皮筋变回了原来的形状，而橡皮泥却没有。这是因为橡皮筋具有弹性，它在受力时会产生形变，不受力时，又能恢复到原来的形状。
我们拉橡皮筋时，能感觉到它对手有力的作用，这是橡皮筋由于弹性形变产生的力，叫作弹力。
弹力
注：橡皮泥也有恢复原状的性质和微弱的弹力。

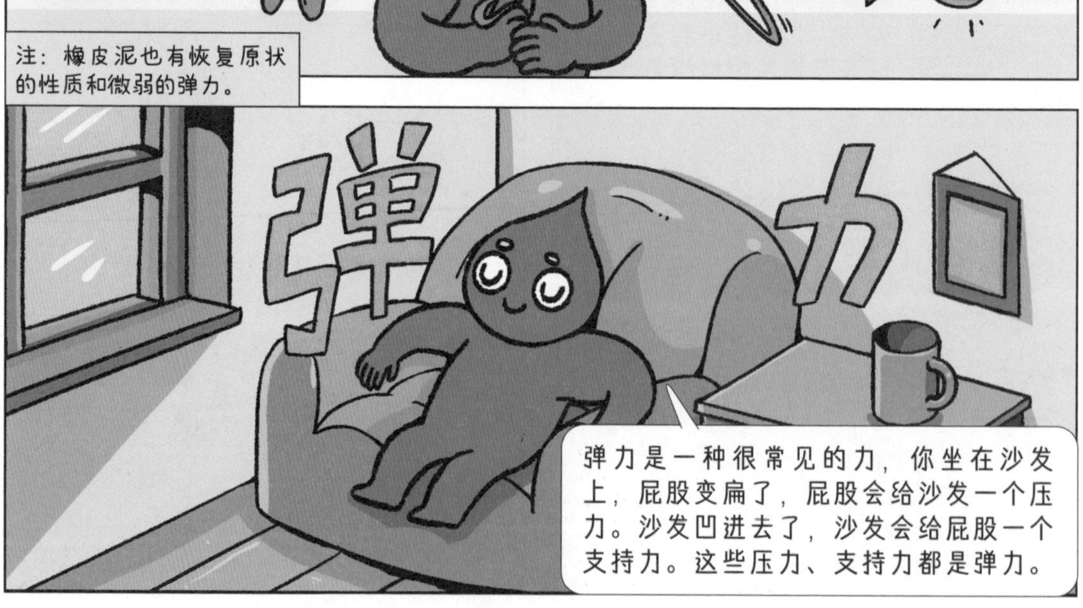
弹
力
弹力是一种很常见的力，你坐在沙发上，屁股变扁了，屁股会给沙发一个压力。沙发凹进去了，沙发会给屁股一个支持力。这些压力、支持力都是弹力。

这是因为物体的弹性有一定的限度，一旦超过这个限度，就不能恢复到原来的形状。

# 又爱又怕的摩擦力

踢足球时，如果你不一直踢，足球滚动一会儿就会停下来。

普通玩具车，你不一直推动它，它也会慢慢停下来，这是为什么呢？
xx123
这是因为有摩擦力的作用。像这样，把手掌压在桌面上向前推，你会感到桌面对手掌有阻碍作用，这个阻碍作用就是摩擦力。
摩擦力
两个互相接触的物体，当它们相对运动或者有相对运动趋势时，在接触面上会产生一种阻碍运动的力，也就是摩擦力。

摩擦力的大小跟接触面所受的压力有关，压力越大，摩擦力越大。所以推空箱子时很容易。

但如果箱子里装满东西，你再推箱子，就会变得很费力。
摩擦力的大小还跟接触面的粗糙程度有关，接触面越粗糙，摩擦力越大。你在冰面上推箱子就比在土地上推箱子要容易得多。

许多情况下摩擦力是有利的。
例如，人走路时要利用鞋底与地面间的摩擦力，才能向前行走。

轮胎的花纹增加了轮胎与地面的摩擦力，可以防止轮胎打滑。

体操运动员比赛时，会在手上涂防滑粉，来增大摩擦力。

而有时，摩擦力又是有害的。
呀，镯子戴久了拿不下来了！
玉镯与手腕之间的摩擦力不仅会卡住玉镯，还会让手腕感到疼痛。
所以，如果能减少这个摩擦力，比如在手腕上抹上一圈肥皂液或润滑液……
可算拿下来啦，还是你有办法！
嘿嘿……

# 力可以改变物体的运动状态

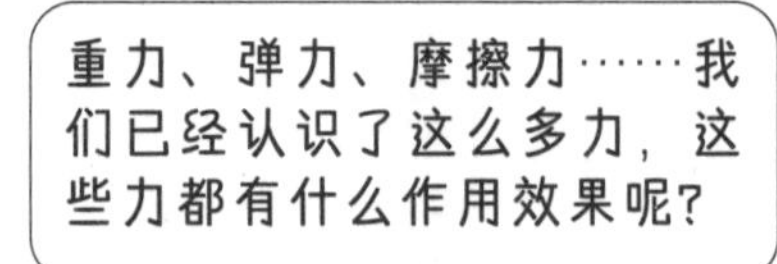

# 速度

物体运动速度的大小、运动的方向都属于运动状态。

速度是指单位时间内物体运动的路程，是表示运动快慢的物理量。

力还可以改变物体的运动方向。
羽毛球碰到球拍会改变运动的方向。

踢足球时，脚碰到足球可以改变足球的运动方向。

用头顶气球，气球会向上飞。

向外侧推门，门向外打开。
向内侧拉门，门向内打开。

我们再来做一个小实验。
你一定玩过磁铁吧，磁铁对磁性材料会产生磁力。让小铁珠从斜面滚下，这时小铁珠在桌面上的运行轨迹是直线。
现在，在一旁放一块磁铁，让小铁珠再次从斜面滚下。你会发现，小铁珠的运动方向改变了。所以力可以改变物体的运动方向。
力可以使静止的物体运动，也可以使运动的物体静止，还可以改变物体运动的快慢与方向。物体运动状态的改变离不开力。

# 力可以保持物体的平衡态

当物体处于平衡态时，它所受到的力为平衡力。静止在桌面上的花瓶，它受到重力和桌面给的支持力，这两个力是平衡力。
挂着的足球，它受到重力、绳子给的拉力和墙面给的支持力，这三个力是平衡力。
匀速直线行驶的汽车，它受到重力、地面的支持力，向前的动力和向后的阻力，这几个力也是平衡力。

# 二力平衡的条件

一个物体在两个力的作用下，保持静止或者匀速直线运动状态，我们就说这两个力相互平衡，简称二力平衡。
二力平衡是最常见的平衡态。
二力平衡需要满足什么条件呢？我们可以从力的三要素来观察。
把绳子的一端绑在苹果上，我们拿着绳子的另一端，要想把这个苹果提起来，就要给它一个与重力相反的力，也就是向上的拉力。

这时苹果静止不动，我们给它的拉力和它受到的重力是一样大的。

如果我们用更大的力向上提，苹果就向上移动。
手松一点力气，苹果就会往下掉。
所以，要想苹果静止不动，我们给苹果的拉力必须和它的重力大小相等、方向相反。

而且你发现了吗，这个绳子一直是竖直的，也就是拉力的方向是竖直的。
如果你的手向左或向右移动，这个苹果会晃动，它不再静止。因为拉力的方向虽然还是向上的，但是不再和重力一样竖直了。
你停止动作，很快苹果也静止不动了，这时绳子又回到了竖直状态。
看来要想保持苹果的状态不变，拉力必须保持竖直方向，也就是和重力在同一直线上才行。
那么，二力平衡的条件就是，作用在同一物体上的两个力，必须大小相等、方向相反，且在同一直线上。
所以，通常力会使物体的运动状态发生改变。如果运动状态没有改变，那是因为这些力刚刚好组成了平衡力。
支持力
我们是平衡力。
重力

# 作用力与反作用力

一直提着苹果，是不是觉得有点累，松开手看看。哎呀，手上竟然被勒出了红印。
这说明手给了绳子和苹果一个力，同时，绳子和苹果也给了手一个力。
滑旱冰时，向前推墙。
你却向后滑动，这也是因为你给墙一个力的同时，墙也给了你一个力。
一个物体对另一个物体施力时，另一个物体同时也对它施加力的作用。也就是说，物体间力的作用是相互的。
你推墙，给了墙一个向前的推力，同时，墙给了你一个向后的推力，这两个力就是一对相互作用力。相互作用力大小相等、方向相反，且在同一直线上。

咦？听起来和平衡力好像啊。但是它们有本质的不同，平衡力是作用在同一个物体上的力。比如，水桶受到的拉力和重力，是一对平衡力。

而相互作用力则是作用在两个物体上的力，手给水桶的拉力，是水桶受到的力。同时水桶也给手拉力，这是手受到的力。

打球时，球拍给球施力，同时，球也会给球拍施力。

马拉车时，马同时也受到车向后的拉力。这些都是相互作用力。

# 机械让我们的工作变得更容易

除了探究力的性质，人们也一直在思考如何更好地利用力学原理。所以人们发明了机械，机械可以让工作变得更容易。

从支点到动力的最短距离，叫动力臂；从支点到阻力的最短距离，叫阻力臂。
动力臂
阻力臂
如果动力臂比阻力臂长，你就可以很容易地把石头撬起，这是省力杠杆。
相反，如果阻力臂比动力臂长，那么想要撬起石头就会很费劲，这样就是费力杠杆。
阻力臂
动力臂
费力杠杆虽然费力，但是也有它的好处。比如，船桨就是费力杠杆，在划船时，你需要用很大的力划动船桨，但是只需手移动较小的距离，就能使桨在水中移动较大的距离，船就可以在水上前行了。
如果动力臂与阻力臂刚好相等，那就是等臂杠杆，你经常玩的跷跷板、人们常用的天平，都是等臂杠杆。
古希腊科学家阿基米德曾经说过：“给我一个支点，我可以撬动地球。”可见，杠杆的威力多么巨大。

阻力臂
动力臂
滑轮也是一种杠杆，它在日常生活中的应用也很广泛。它可以帮我们提东西。
升旗也要依靠滑轮。像这样，轴的位置固定不变的滑轮，称为定滑轮。

起重机的吊钩上也有滑轮，不过它的轴会跟随物体一起运动，这样的滑轮是动滑轮。

?
定滑轮和动滑轮还能组合在一起，构成滑轮组。

生活中的力无处不在，很多东西都是科学家们利用力的知识创造的。
小到一把剪刀、一辆自行车，大到火箭发射，这些都离不开力。我是力，期待你们的新发明哟！

# 角色卡

·姓名 力

·年龄 和宇宙的年纪一样大

·装备 秤、天平

·普通技能 能够改变物体的运动状态

·特殊技能 能够让宇宙间的所有物体相互吸引

两个物体之间相互吸引的力叫作万有引力，万有引力的大小跟物体的质量和物体之间的距离有关。

·天赋 二力平衡、三力平衡

物体保持静止不动或匀速直线运动的状态叫作平衡态。这时的物体可能完全不受力，也可能受到平衡力。

·武学 以牙还牙

两个（相互作用的）物体间的作用力和反作用力总是大小相等，方向相反，作用在一条直线上。

·关联物品 弹力绳、杠杆

·行动范围 全宇宙

## 米莱童书

米莱童书是由国内多位资深童书编辑、插画家组成的原创童书研发平台。旗下作品曾获得 2019 年度“中国好书”，2019、2020 年度“桂冠童书”等荣誉；创作内容多次入选“原动力”中国原创动漫出版扶持计划。作为中国新闻出版业科技与标准重点实验室（跨领域综合方向）授牌的中国青少年科普内容研发与推广基地，米莱童书一贯致力于对传统童书进行内容与形式的升级迭代，开发一流原创童书作品，适应当代中国家庭更高的阅读与学习需求。

**策 划 人：** 刘润东　魏　诺

**统筹编辑：** 秦晓英

**原创编辑：** 窦文菲　秦晓英　张婉月

**漫画绘制：** Studio Yufo

**专业审稿：** 北京市赵登禹学校物理教师 张雪娣

**装帧设计：** 刘雅宁　张立佳　辛　洋　刘浩男　马司雯　朱梦笔

图书在版编目（CIP）数据

这就是物理：升级版：全10册 / 米莱童书著、绘
. -- 北京：北京理工大学出版社, 2023.6（2024.12重印）
ISBN 978-7-5763-2374-0

Ⅰ. ①这… Ⅱ. ①米… Ⅲ. ①物理学－青少年读物
Ⅳ. ①04-49

中国国家版本馆CIP数据核字(2023)第082201号

出版发行 / 北京理工大学出版社有限责任公司
社　　址 / 北京市丰台区四合庄路 6 号
邮　　编 / 100070
电　　话 /（010）82563891（童书售后服务热线）
经　　销 / 全国各地新华书店
印　　刷 / 朗翔印刷（天津）有限公司
开　　本 / 710毫米×1000毫米　1 / 16
印　　张 / 25
字　　数 / 600千字
版　　次 / 2023年6月第1版　2024年12月第12次印刷
定　　价 / 200.00元（全10册）

责任编辑 / 封　雪
文案编辑 / 封　雪
责任校对 / 刘亚男
责任印制 / 王美丽